FUN READING
ABOUT CHINA

悦读中国

中国当代科技

顾鸣 /编著

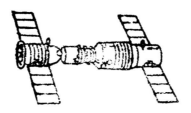

全国百佳图书出版单位

时代出版传媒股份有限公司

黄 山 书 社

图书在版编目(CIP)数据

中国当代科技 / 顾鸣编著. -- 合肥 : 黄山书社, 2014.1
（悦读中国）
ISBN 978-7-5461-2015-7

Ⅰ.①中… Ⅱ.①顾… Ⅲ.①科学技术—中国—通俗读物 Ⅳ.①N12-49

中国版本图书馆CIP数据核字(2013)第318756号

悦读中国：中国当代科技
YUE DU ZHONG GUO :ZHONG GUO DANG DAI KE JI

顾　鸣 编著

责任编辑：司　雯　李　南
责任印制：戚　帅　李　磊　　　　　　　　　　　　装帧设计：商子庄

出版发行：时代出版传媒股份有限公司（http://www.press-mart.com）
　　　　　黄山书社（http://www.hsbook.cn）
　　　　　官方直营书店网址（http://hsssbook.taobao.com）
　　　　　营销部电话：0551—63533762　63533768
　　　　　（合肥市政务文化新区翡翠路1118号出版传媒广场7层　邮编：230071）
经　　销：新华书店
印　　刷：安徽联众印刷有限公司

开本：710×875　1/16　　　　　印张：6.25　　　　字数：80千字
版次：2014年2月第1版　　　　　印次：2014年2月第1次印刷
书号：ISBN　978-7-5461-2015-7　　　　　　　　　定价：46.00元

前言

　　科技不仅仅是科学家的事，它已经深入到我们每个人的生活中，将我们的生活变得更美好、更便利，使我们所处的环境更舒适。

　　当代中国，科技得到了突飞猛进的发展。近年来，中国政府更是把解决民生问题放在工作的首位，将先进的科技应用到人口健康、环境保护、节能减排、防灾减灾和公共安全等方方面面。比如杂交水稻的培育使中国水稻产量大幅度提高；太阳能、风能、核能、生物能等一些新能源的关键技术的攻克，极大缓解了中国的能源危机；疟疾、SARS病毒、禽流感等重大疾病的防控技术更是取得了重要进展……科学技术已走进中国千家万户，惠及亿万人民。

　　朋友们，赶快走进当代中国的科技世界，来感受世界当代科技的"中国力量"吧！

目录

3 空间

4 新能源

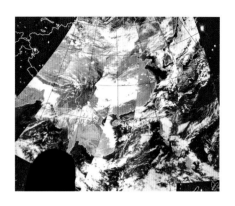

5 海洋

6 农业

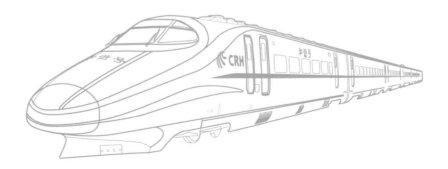

信息

在全球信息化的时代，计算机、网络和通讯等信息技术越来越受到人们的重视，深刻影响着国家经济和人类生活的方方面面。目前，信息产业已成为中国的支柱产业，其规模已位居世界第二位，而一些信息技术更是在全球处于领先地位。

"天河"系列超级计算机

在中国国防科技大学计算机学院的一间大机房里，170个大型黑色机柜成排放置，犹如阅兵时气势如虹的方队——这就是由中国自主研发的"天河二号"超级计算机。

2009年11月，中国自主研发的"天河一号"超级计算机在国际超级计算大会上凭着每秒钟超千万亿次的运算速度脱颖而出，获得了亚洲第一的证书。中国从此成为除美国之外第二个能研制千万亿次计算机的国家。2010年11月，"天河一号"以每秒4.7千万亿次的峰值速度将五星红旗插上了超级计算领域的世界之巅。当时，国际上对中国这匹超算"黑马"感到十分惊讶，然而"天河一号"

◆ "天河一号"超级计算机 （图片提供：CFP）

的研制人员刘光明在领奖时却坦然地说："一个国家、一个团队，用近30年的时间，没日没夜地干一件事，每年只有春节的时候休息两三天，最终做到世界第一，并不奇怪。"

2013年6月，继"天河一号"之后，"天河二号"超级计算机又凭借每秒5.49亿亿次的峰值计算

◆ "天河二号"超级计算机（图片提供：CFP）

速度和每秒3.39亿亿次的持续计算速度再次位居世界榜首，成为全球最快的超级计算机。

除了"天河"系列，中国近年来在高端计算机的研制方面硕果累累，"神威"、"曙光"、"深腾"等知名产品层出不穷。中国已成为继美国、日本之后的第三个能制造和应用十万亿次级商用高性能计算机的国家。

"天河"系列超级计算机有多神奇？

以"天河二号"为例，运用它计算1小时，相当于13亿人同时使用计算器计算1000年，而它的存储总容量相当于600亿本10万字的图书。

此外，"天河"系列超级计算机在各个领域都有其巨大的优势，可以广泛地应用在航天航空、能源勘探、天气预报、药物研制、建筑设计、金融、保险等众多领域。比如，从前设计一个飞机的气动外形要花3—5年，而运用"天河二号"来帮助计算，十几天就可以完成了。

全球第一大网

　　互联网是一种计算机网络，有了这个网络，人们可以与千里之外的亲人、朋友、同事，共同分享快乐，共同完成工作；全世界任何人，不论种族、国籍、年龄、性别、贫富、职业，都能相互传送知识与经验，发表自己的想法和意见。它的出现使地球变成了地球村。

　　中国互联网是全球第一大网，网民人数最多，联网区域最广。截止到2013年6月30日，中国网民规模已达5.91亿，互联网普及率为44.1%。而随着3G的普及和无线网络的发展，中国的手机网民也迅速增加，截止到2013年6月底已达4.64亿。在未来，中国即将拥有全球最大的互联网商务和计算机技术市场。

　　目前，中国有诸如新浪、腾讯、网易等门户网站，微博、人人网等社交平台，天涯、豆瓣等社区论坛，百度、搜狗、360等搜索引擎，以及QQ、微信等即时聊天工具。丰富多彩的互联网产品极大地丰富了中国网民的网络生活。

◆ **2013年8月在北京举行的第十二届中国互联网大会** （图片提供：CFP）

中国人的网络生活

常用门户网站：

　新浪网网址：http://www.sina.com

網易 NETEASE　网易网网址：http://www.163.com

鳳凰網　凤凰网网址：http://www.ifeng.com

常用社交网站：

　人人网网址：http://www.renren.com

新浪微博 weibo.com　新浪微博：http://weibo.com

常用社区论坛网站：

豆瓣 douban　豆瓣网网址：http://www.douban.com

天涯社区 www.tianya.cn　天涯网网址：http://www.tianya.cn

常用搜索网站：

Bai百度　百度网网址：http://www.baidu.com

常用聊天工具：

　腾讯QQ　腾讯网网址：http://www.qq.com

第三代移动通信国际标准

　　现如今，手机已成为人们的主要上网工具之一，它可以实现全球无缝漫游，可以处理图像、音乐、视频流等多种媒体形式，可以提供网页浏览、电子商务、电话会议等多种信息服务……这一切归功于众所周知的第三代移动通信系统——3G。

　　中国拥有全世界第一大的移动通信市场，有11亿手机用户。截至2013年第二季度，使用3G手机上网的中国用户已达8050万，并且呈日益增多的趋势。

　　为了提供3G服务、支持不同的数据传输速度，国际需要一个通行的标准。现行的主流3G国际标准有三种，包括WCDMA、CDMA2000和TD-SCDMA。

◆ **上海地铁2号线上正在使用手机上网的旅客**（图片提供：CFP）

其中，TD-SCDMA是由中国提出的具有自主知识产权的第三代移动通信国际标准。2000年5月，世界无线联盟正式接纳了TD-SCDMA，这标志着中国在移动通信技术方面已进入世界先进行列。TD-SCDMA具有辐射低、灵活性强、成本低等特点，被誉为"绿色3G"。此外，TD-SCDMA所用的时分双工TDD技术更是国际电联选用的唯一的TDD技术，具有不可替代性。目前，这项新标准已投入使用，并仍在不断发展完善。

小 资 料

比3G更完美的新无线世界——4G

在人们正享受3G带来的便利之时，4G悄然而至。4G通信采用了一些新技术，使无线通信的网络效率更高，功能更强大，其速度相当于当前3G网络的五十倍。可以预见，4G的通行使用，将给全世界的网民带来更畅快的感受。目前，美国、欧洲、日本和韩国等都在进行4G研究，但中国的4G技术已处于领先地位。

2012年1月18日，国际电信联盟正式审议通过，将由中国主导制定的TD-LTE和欧洲标准化组织3GPP 制定的FDD-LTE同时并列为4G国际标准。这标志着中国在移动通信标准制定领域再次走在了世界前列。2013年12月4日，中国工信部向中国移动（微博）通信集团公司、中国电信（微博）集团公司和中国联合通信集团有限公司颁发"LTE/第四代数字蜂窝移动通信业物（TO-LTE）"经营许可，这标志着中国电信产业正式进入了4G时代。

◆ **湖北4G图书馆**（图片提供：CFP）

　　湖北省图书馆的4G新馆综合配设有GSM、TD、WLAN和LTE网络，实现了省图书馆新馆的全网络覆盖。人们在馆内使用手机或笔记本电脑等移动设备上网，就能搜索到名为"CMCC-4G"的Wi-Fi信号。这是由移动4G信号转换而成的无线网络，平均下载速率达到50M/s，是3G网络的十倍以上。在馆内任意一个角落，读者都能畅快地在线阅读或下载电子书刊、网络视频等。

医药

中医是什么？

　　中医是有着3000多年历史的中国本土医学，具有宏观的整体治疗观念和辨证论治的特点。东西方文化的差异使得中医与西医迥然不同。中医讲究预防，身体要长期、全面地调养，不能等到生病了才想起看医生，这与以治病为本的西医有所不同。

中国的现代医学就是对中医的继承与发展吗？

　　中国的现代医学并非全部是对中医的继承与发展，而是与西方医学、现代生物学等相结合，取得了许多举世瞩目的成就。

中医的现代转变

　　"我又可以当排球队扣球手啦！"这是68岁的哈萨克斯坦科学院院士阿拜·萨给托夫在山西中医学院附属医院治愈肩周炎后发出的欢呼。2013年2月25日，阿拜·萨给托夫在山西考察合作项目时接受了针灸和拔火罐配合治疗肩周炎。令他没有想到的是，半个多小时的治疗后，他的胳膊立马就能抬起来了。两个月后，他还带来了患肩周炎多年的朋友马祖嘎寻求治疗。

　　在大多数人眼中，中医是神秘而神奇的。按按几个穴位或吃一些普通的食物，真的能预防和治疗疾病吗？对于更熟悉现代医学的人来说，这当然是不容易理解的。在世界文化科技史上，中医是唯一历经3000多年历史至今仍旧被广泛使用的文化与科技奇迹。近年来，中医提倡的"自然疗法"、"预防胜于治疗"等观念被很多外国人接受，食疗、推拿、针灸、刮痧等养生技术在全球范围内受到了极大推崇，许多外国人千里迢迢来到中国学习中医。德国著名物理学家、宇航医学与健康工程学专家卡尔·海因斯睿博士曾感慨地说："作为一个物理学家，我理解中医的理论和养生方法要比学西医容易得多，因为中医是从人的生命本能出发，而西医重在治疗人体的症状。"

◆ **中医诊脉**（图片提供：微图）

常见中草药及其功效

荷叶：清热解毒、凉
血、止血等

蒲公英：清热解毒、
利尿、缓泻等

野菊花：治疗咽喉肿痛、
缓解头痛眩晕、降压等

桂皮：散寒止痛、活
血、暖脾胃等

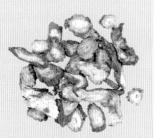

丹参：活血、祛瘀止痛、
清心除烦、养血安神等

益母草：活血、祛瘀、
消水等

大黄：泻火、凉血、祛
瘀、解毒等

白芨：止血、消肿等

灵芝：提高免疫力

近年来，中医与西方医学、现代生物学等相结合，呈现出新的发展态势。在中国，西医的检查方法和治疗手段已被医学工作者所掌握，更有一些中西医结合的队伍，为中西医学的交流、学习、融合进行着努力，并且取得了一定的成效。尤其是在心脑血管疾病、恶性肿瘤、糖尿病、免疫性疾病、消化系统疾病、皮肤病、内分泌失调等慢性疾病的治疗上，以中医理论为调养基础，同时以西医为治疗手段，让许多患者减轻了病痛，甚至得以治愈，引起了国际医药界瞩目。

由于中国中西医结合研究取得了巨大的成果，美国、日本、法国、德国、加拿大、意大利、澳大利亚、英国等国医学界开始在本国成立中医学院、针灸学院以及研究机构和学术团体等。例如，1991年德国成立了魁茨汀中医院；1995年澳大利亚墨尔本理工大学正式开办中医系；2013年美国陆军医疗司令部高薪聘请中医针灸师为官兵解除病痛，同时针灸也被纳入陆军跨学科疼痛研究范畴。

中西医对比		
	中医	西医
医学观念	预防胜于治疗	以治疗为主
诊断方法	望、闻、问、切	医生问诊，借助听诊器、X光机等医学精密仪器寻找病因
治疗方法	中药方剂、气功、针灸、刮痧、推拿等	西药、肌肉针注射、静脉注射、外科手术
药方成分	动、植物成分的中药	各种化学物质成分的西药
养生观念	通过摄入天然食物、运动等方式达到身体健康	通过直接补充维生素、矿物质等减慢身体新陈代谢

发现青蒿素

疟疾是一种可怕的世界性流行疾病，据世界卫生组织（WHO）报告，全球每年有2亿余人患疟疾，百余万人死于该疾病。文艺复兴时期的意大利大诗人但丁、近代英国资产阶级革命领袖克伦威尔都死于疟疾。20世纪60年代以来，美、英、法、德等国大力研发治疗疟疾的新药，但始终没有满意的成果。

1969年2月，生药学专家屠呦呦接受了国家对抗疟中草药研究的艰巨任务。经过数百次的抗疟实验研究，她终于在1971年10月成功地从中药黄花蒿中提取出一种有效的抗疟成分——青蒿素。直至1978年，青蒿素共治疗2099例疟疾患者，全部获得了临床痊愈，引起了全世界的关注。2005年，世界各国普遍采用青蒿素综合疗法治疗疟疾，挽救了无数的生命。

2011年9月，屠呦呦凭借创制新型抗疟药——青蒿素和双氢青

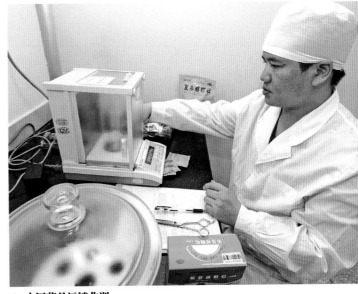

◆ **中国药品远销非洲** （图片提供：cfp）

2012年6月11日，广西壮族自治区柳州市医药生产企业正在检测药品，其青蒿素年生产能力达40万吨，成为国际红十字会援助非洲众多国家的指定药品之一。

蒿素的贡献获得了美国最有声望的生物医学奖"拉斯克临床医学奖"。获奖后，81岁的屠呦呦感慨道："在青蒿素发现的过程中，古代文献在研究的最关键时刻给予我灵感。我相信，努力开发传统医药必将给世界带来更多的治疗药物。"

◆ **屠呦呦获得中国中医科学院授予的"杰出贡献奖"** （图片提供：cfp）

SARS疫苗的研制

　　2002年11月至2003年8月，中国人经历了一场与名为SARS的传染性非典型肺炎疾病的殊死搏斗。肆虐的SARS病毒向中国人乃至全人类发起了猖狂攻击。在近一年的时间里，七千多个中国人患上了SARS，其中八百多人死于这场疾病。

　　SARS爆发后，中国无数医护工作者参与到救治中来，并开始研制SARS疫苗。通常情况下，一个有效疫苗的成功研制往往需要几年的时间，但为了控制疫

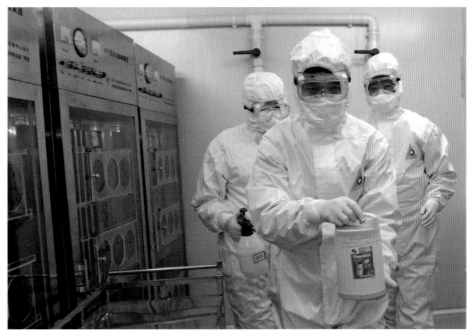

◆ **SARS疫苗动物实验**（图片提供：CFP）
2003年11月19日，中国"人用SARS病毒灭活疫苗"在武汉大学实验动物中心取得成功。

情的扩大，研制人员必须与时间赛跑。2004年12月5日，中国人独立研制出来的SARS病毒灭活疫苗通过Ⅰ期临床研究，这证明中国科研人员研制出的SARS疫苗是安全的，且初步证明是有效的。据研制人员透露，整个研制期间，他们有时甚至每天要工作20个小时，只要一进实验室，最少在6个小时内不能喝水、不能进食、不能上厕所。

当然，SARS疫苗最终上市还需要更长时间的临床实验。但其初步成功已证明了SARS是可以防治的，同时也证明了中国医疗卫生科技的实力。目前，中国已成为全球最大的疫苗生产国，成功研制了甲型H1N1流感疫苗等许多新型疫苗，为世界医疗事业作出了巨大贡献。

◆ **广西思阳镇小学的学生正在接种疫苗** (图片提供：cfp)

中国克隆鼠

黑色的皮毛、尖尖的胡须、长长的尾巴、圆圆的眼睛——看上去是一只普通的老鼠，然而它却是一只中国克隆鼠，名字叫"小小"，是中国科学家于2009年首次利用iPS细胞（诱导多功能干细胞）克隆出来的活体实验鼠，也是全球第一只由iPS细胞培育出的活体老鼠。中国克隆鼠小小的诞生有力地证明了iPS细胞的"全能性"，为人类克隆成年哺乳动物开辟了一条全新道路，比传统的克隆方法更高效、更安全，被美国《时代》周刊评为2009年度"十大医学突破"。

2013年7月，中国北京大学研究团队由一只黑鼠的肺部成纤维细胞"孕育"出一个新的生命"青青"。这是中国克隆技术和再生医学领域的再一次开创性变革。

目前，中国科学家正在继续研究克隆技术，并将其运用到创造人体干细胞

中国的克隆纪事

1979年，中国科学院武汉水生生物研究所的科学家们用鲫鱼囊胚期的细胞，人工培育出一条8厘米长的克隆鲫鱼。

1999年，中国科学家用兔卵子克隆出大熊猫的早期胚胎，有力地证明了克隆技术有可能成为保护和拯救濒危动物的新手段。

2000年6月，中国西北农林科技大学研究人员利用成年山羊体细胞克隆出两只克隆羊，其中一只早夭。

2012年3月，中国农业科学院研究人员培育出一头克隆公牛，体重58.2千克。这是中国首次采用无透明带克隆方法获得的荷斯坦种公牛体细胞克隆后代。

上。这种努力的成果将是不可估量的。相信在不久的将来，许多现在看来无法治愈的疾病，如地中海贫血症、帕金森、糖尿病等将会找到全新的治愈手段。

◆ **中国首例异体克隆动物——克隆北山羊**（图片提供：CFP）

　2004年1月21日，一只白色的年轻母山羊生出了一只2.32公斤重的母羔羊。这是一只克隆北山羊。克隆过程是将北山羊的体细胞与山羊的卵母细胞结合组成的胚胎移植到发情的母山羊体内，132天后，小北山羊顺利出生。

空间

中国是世界上第五个能独立自主研制和发射人造地球卫星的国家。

中国是世界上第三个有能力自行研发及发射返回式卫星的国家。

中国是世界上第五个发射月球探测器的国家。

中国是世界上第三个独立掌握载人航天技术的国家。

人造卫星

　　在浩瀚的太空中，有许多围绕行星运行的天体，它们名叫"卫星"。如月亮环绕着地球旋转，它就是地球的卫星。人造卫星，顾名思义就是由人类制造的卫星。人造卫星是人类的好帮手，像气象预报、飞机导航、地球资源探索、军事活动等都需要它们的帮助。

　　中国的航天技术起步是较晚的，20世纪50年代末才开始研制人造卫星。而此时，苏联、美国等已将本国制造的人造卫星成功送上太空。1970年4月24日，中国成功地发射了第一颗人造卫星"东方红一号"。美妙的"东方红"乐曲首次响

◆ "东方红一号"卫星模型（图片提供：微图）

四大卫星发射中心

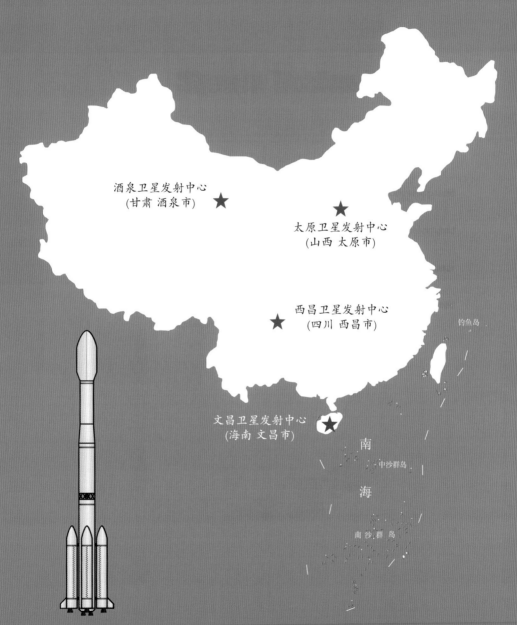

酒泉卫星发射中心
(甘肃 酒泉市) ★

太原卫星发射中心
(山西 太原市) ★

西昌卫星发射中心
(四川 西昌市) ★

文昌卫星发射中心
(海南 文昌市) ★

钓鱼岛

南
海

中沙群岛

南沙群岛

彻太空，中国成为世界上第五个自主发射人造卫星的国家。此后，中国的航天技术始终与世界航天技术前沿保持同步。直至今日，中国已有数十颗卫星在太空中遨游。

小 资 料

寻找外星人

从电影《E.T》到全球各地不断出现的关于UFO的报道，地球人一直对地外文明充满好奇，并且不断地进行探索。在地球上空运行的卫星成为地球人向"外星人"传递信息的重要工具，携带"地球之音"的旅行者号卫星在太空播放了60多种语言的"你好"。中国的京剧、贝多芬的《欢乐颂》等曲目，以及包括中国传统家宴、万里长城在内的精美图片，是地球人递给外星人的一张充满诚意的地球名片。

"神舟号" 宇宙飞船

相信每个人都有一个在太空遨游的梦想，希望亲眼看一看地球以外的世界。如今，美国、俄罗斯、中国三国的航天员已经实现了这一梦想，坐着宇宙飞船进入太空。这预示着，人类已向了解宇宙、开发太空资源迈出了第一步。

中国的宇宙飞船被命名为"神舟号"，它的起点、留轨利用能力比世界其他飞船更具优势。从1999年11月20日"神舟一号"的成功飞天到2013年6月13日

◆ "天宫一号"与神舟飞船对接〔图片提供：微图〕

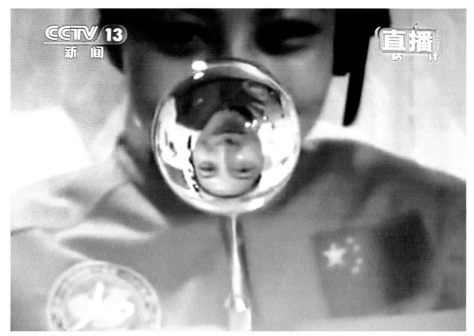

◆ **王亚平正在太空中授课**（图片提供：CFP）

"神舟十号"与"天宫一号"空间站的对接，中国载人航天事业实现了质的飞跃。"神舟十号"在轨飞行15天，三名宇航员首次为青少年朋友进行了生动的中国航天员太空授课。数亿中国人坐在电视机前，怀着激动而自豪的心情观看这场精彩的讲课。女航天员王亚平担任这次授课的主讲，成为中国首位"太空教师"。讲课的内容包括小球单摆实验、陀螺旋转运动、水膜演示、制作魔法水球等，为全中国乃至全世界的青少年朋友们展现了一个奇妙的失重世界。

在地球与太空进行实验大对比：

小球单摆实验	陀螺旋转实验
用细绳拴着小钢球，将其固定在一个T形支架上，然后将小球拉升到一定位置后放手。	将陀螺旋转起来，再用手轻轻一推。
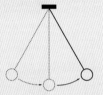	
地球：往复的单摆运动。	地球：旋转的陀螺会倾倒，渐渐停止转动。
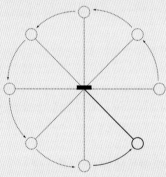	
太空：绕支架做圆周运动。	太空：悬浮在空中旋转的陀螺会保持固定的轴向向前飞去。

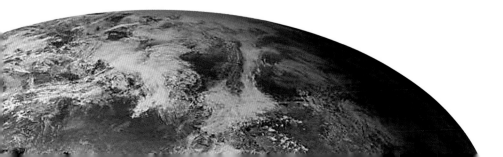

"长征"系列运载火箭

◆ 2013年6月11日搭载"神舟十号"的
"长征二号"运载火箭升空（图片提供：CFP）

人造卫星和载人飞船是如何上天的呢？

答案是搭乘运载火箭。不仅人造卫星和载人飞船，还有空间站、空间探测器等也都需要运载火箭将它们送入太空中的预定轨道上。

到目前为止，中国共研制了12种不同类型的运载火箭，被称为"长征"系列。截止到2013年6月11日，"长征"共经历了177次发射，取得了169次成功。这些火箭的入轨精度，就像打靶连中上百个"十环"，足可想见其难度。目前正在研发的"长征五号"运载火箭，推力更是大得惊人，可达240吨，主要性能指标已达到甚至超过了国际主流大型运载火箭的水平。

目前，世界上航天技术先进的国家都在大力研发高性能、低成本、大推力、无污染、可重复使用的运载火箭，中国也在取得初步成果的基础上继续努力着，以续写中国航天事业的传奇。

◆ **"神舟十号"的航天员**（图片提供：CFP）

◆ **"神舟十号"的航天员与返回舱**（图片提供：CFP）

探月计划

　　月球是地球的邻居，是与人类关系最密切的太空星体之一。从古至今，人类从未停止过探索月球的脚步。1959年，苏联成功发射了"月球一号"探测器。1969年，美国宇航员登上月球，揭开了人类了解太空的崭新的一幕。

　　中国自古就流传着"嫦娥奔月"的美丽神话，登上月球一直都是中国人的梦想……2004年，中国开始实施月球探测计划，命名为"嫦娥工程"。目前，中国已于2007年10月和2010年10月成功发射了"嫦娥一号"和"嫦娥二号"探测器，实现了绕月飞行、受控撞月，并取得了许多月球的影像资料和数据信息。

　　2013年12月2日凌晨，"嫦娥三号"探测器成功发射升空。"嫦娥三号"携带着中国首辆月球车、近紫外月基天文望远镜、极紫外相机、测月雷达等，实现了中国首次月面软着陆，并在月球进行长达90天的无人探测，首次实现月夜生存。这项计划成功后，中国便为宇航员登月作好了充足的准备，届时宇航员将可以在月球表面行走并进行科学探测了。

◆ **北京科技博物馆举行的月球展览** (图片提供：cfp)
　　2013年8月，北京科技博物馆举行月球基地展览，青少年现场体验月球生活。

高智能的机器人——"玉兔号"月球车

"嫦娥三号"所携带的月球车名为"玉兔号"。它是中国自行研制的一个具有能够独立处理各种环境能力的高智能机器人，不仅可以自我导航和避障，还能边走边探测月球表面的矿物成分和内部的结构变化。

这个机器人在月球上的生存是非常艰难的，它需要克服月球上骤然变化的温度。白天，月球表面温度可高达127℃；到了晚上，温度可降低至零下183℃。这对于月球车上的诸多电子零件的正常运转是一个极大的挑战。

"玉兔号"的时速达200米，能持续行走10公里，总寿命长达3个月。它将对巡视区月表进行三维光学成像、红外光谱分析，探测月壤厚度和结构，现场分析月表物质的主要元素，最终将这些数据传回地球。

◆ 中国自主研发的"玉兔号"月球车亮相国际工博会（图片提供：CFP）

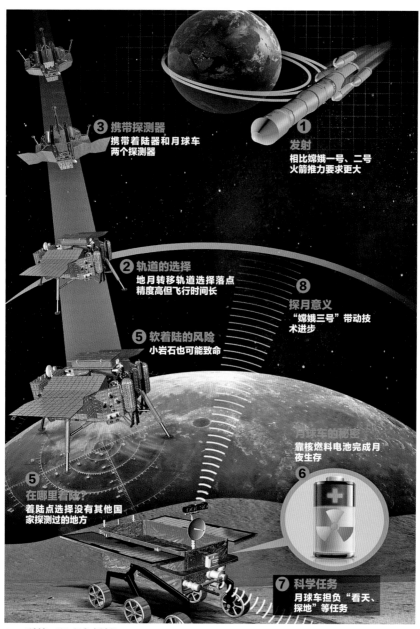

3 携带探测器
携带着陆器和月球车
两个探测器

1 发射
相比嫦娥一号、二号
火箭推力要求更大

2 轨道的选择
地月转移轨道选择落点
精度高但飞行时间长

8 探月意义
"嫦娥三号"带动技
术进步

5 软着陆的风险
小岩石也可能致命

月球车的秘诀
靠核燃料电池完成月
夜生存

5 在哪里着陆?
着陆点选择没有其他国
家探测过的地方

6

7 科学任务
月球车担负"看天、
探地"等任务

◆ "嫦娥三号"任务全过程（图片提供：CFP）

新能源

　　21世纪，地球上的能源消耗量越来越大，石油、煤炭、天然气等传统能源储存量越来越少，因此必须开发新能源来保障人类的生活。中国近年来始终致力于对新能源的开发和利用，如农村沼气、核能等。对于可再生能源更是加大力度，如太阳能、风能、水能、植物能、地热能等。

沼气在农村的广泛应用

走进中国的农村，你一定会觉得奇怪：这里没有天然气管道，但却能用燃气灶生火做饭；这里的电灯较少，但夜间却灯火通明。这是为什么呢？原因就在于，如今的中国农村，屋后建有家用沼气池已是较为普遍的现象。

沼气，即沼泽地、污水沟或粪池里经发酵而产生的一种可燃气体，属于可再生能源。目前，中国沼气池的推广应用规模居全世界首位，并且呈逐年递增的趋

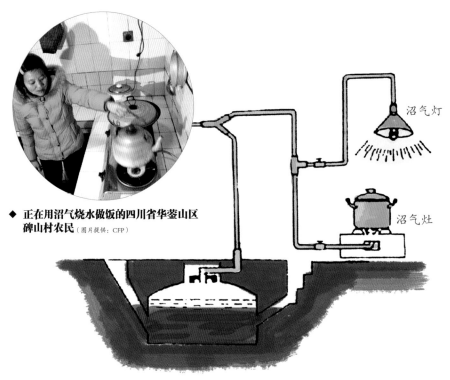

◆ **正在用沼气烧水做饭的四川省华蓥山区碑山村农民**（图片提供：CFP）

沼气灯

沼气灶

◆ **世界上最大的工业化生物天然气工程——河南南阳生物沼气工程**（图片提供：CFP）

该工程由全球最大规模的26座厌氧发酵罐组成，可日产沼气50万立方米。这项工程每年约可替代标煤12万吨、地下水300万吨，减少二氧化碳排放110万吨、二氧化硫排放3.31万吨。

势。截至2010年底，中国农村的沼气用户已超过4000万户。

"不用烧柴，不用买煤，只要一扭阀门就能生火做饭，就像城里人一样方便、干净。"这是刚刚安装了沼气池的山东泰安农民赵爱兰由衷的赞叹。

的确，也许农民们并不了解沼气的成分和发酵原理，但在政府工作人员的帮助下，他们已经能很好地运用这一能源了。在农村，修建一个10立方米容积的沼气池，每天只需投入约4头猪的粪便，便可产生供一家四口点灯、做饭的沼气燃料。而饲养4头猪对于中国农民来说，并非难事。如果投入的粪便增加一些，便可额外沤制出优质的有机肥料。这样产生出来的肥料不仅无公害，还能增强农作物的抗旱防冻能力。此外，沼气池的应用还能帮助农民改善卫生条件、减少疾病的发生，让他们的生活更加方便、清洁。

小资料

秸秆气化集中供气

近年来，中国农村还推广了一项新的能源技术，即秸秆气化集中供气。秸秆气化即以农村丰富的秸秆为原料，通过气化炉进行热解及还原反应，生成可燃气体，经管网送到农户家中，供他们做饭和采暖。

与沼气能相比，秸秆气化不受中国南北方气候差异的限制，尤其适用于

◆ **山东省聊城市于集村秸秆气化站的工作人员**（图片提供：CFP）

2012年11月，山东省聊城市于集村投资180多万元修建了容积1000立方米的秸秆气化站，全村实现了集中供气。在于集村，一公斤秸秆可兑换2立方米秸秆气，村民们把玉米秸、麦秸、棒子轴等都送进了气化站。该气化站每天用秸秆450公斤，转化成的可燃气体可供全村626户村民烧水做饭。

小 资 料

寒冷的北方。此外，秸秆气化的原材料在农村非常丰富，包括麦秸、玉米秆、高粱秆、稻壳、谷糠、树枝、锯末、杂草等，部分生产和生活垃圾也可以充当原料。

秸秆气化集中供气以中国的自然村为单元，一个工程可供一村数百户使用。农民在家中只要打开燃气用具的阀门，就可安全、方便地使用，实现了"一人点火，户户做饭"。

家住河北大北关村的陈路琴算了一笔账：她家每天从早到晚都使用秸秆气，每年要花216元；而如果使用液化气，则一年要花费480元。可见，秸秆气化是既清洁方便，又节约成本的利民能源工程。

全球最大规模的在建核电机组

2013年1月29日上午9时50分，中国中央电视台向全球观众直播：浙江三门一号核岛上，中国核建中原建设有限公司的1名指挥人员和3名司机，利用履带式吊车成功将重达830吨的AP1000安全壳顶封头吊装到位。至此，核岛的关键设备——安全壳组装成功。

这标志着核电站已架起了防止放射性物质从反应堆中扩散出去的最后一道屏障，标志着中国已掌握了全球最先进的核电技术。

利用核能来发电不会产生温室气体，且核燃料

◆ **大亚湾核电站** (图片提供：CFP)

大亚湾核电站位于广东省深圳市龙岗区大鹏半岛，是中国大陆建成的第二座核电站，也是中国第一座大型商用核电站。2012年度，大亚湾核电站累计发电量达2613亿千瓦·时，约相当于减少原煤消耗2060万吨，减少二氧化碳排放3619万吨、二氧化硫排放35万吨、氮氧化物排放23万吨。

◆ **秦山核电站主控室**（图片提供：CFP）
  秦山核电站位于浙江省海盐县，是中国自行设计、建造和运营管理的第一座30万千瓦压水堆核电站，目前已运行20年而无事故发生。

的成本低、能量极大，运输与储存也都很方便，因此成为现在全世界大力发展的项目，也是中国今后电源结构调整的主攻方向。

截至2013年7月，中国共有5座大型核电站建成投产，正在运行的核电机组共有17台，且全部机组均保持着良好的安全运行记录。在建的核电机组共有29台，其数量居世界第一。政府规划，到2020年，核电在中国的发电总量中占比要达到5%。

世界最大的风力发电基地
——甘肃酒泉风电基地

　　地域广大的中国，风力资源也十分丰富。从上世纪90年代起，中国开始大力发展风力发电。至2009年年底，中国的装机总容量已远超美国，成为全球最大的风力发电机组生产基地。此后，中国的风电装机容量始终维持高速增长。2012年全年风力发电量达1008亿千瓦·时，可满足约4000万户家庭的年用电。风能已经成为中国仅次于火电和水电的第三大发电能源。

　　行驶在由甘肃敦煌去嘉峪关的公路上，随处可见大片大片的风车群。一排排

◆ **甘肃酒泉风电基地**（图片提供：CFP）

◆ **东海大桥海上风电场** (图片提供：CFP)

　　该项目的每台巨型"大风车"塔筒高达92米，接近30层楼的高度，叶片长达45米。

银白色的风力发电机笔直而立，巨大的叶片在清风的吹拂下不停地旋转，可谓是一道靓丽的风景线。这里就是全世界最大的风力发电基地——甘肃酒泉风电基地。

甘肃省酒泉市是中国风能资源最丰富的地区之一，风能总储量约为1.5亿千瓦，其境内的瓜州县更被称为"世界风库"。用当地人的话说，瓜州"一年只刮一场风，从春刮到冬"。1996年，中国开始在酒泉建设风电基地。现在，这里已建成32座大型风电场，年发电量约60亿千瓦·时，每年可替代200万吨煤，减少480万吨二氧化碳排放。

近年来，中国的海上风电项目也开展起来。2010年11月，世界上除欧洲之外的第一座海上风电场——上海东海大桥10万千瓦海上风电场并网发电，年上网电量可供上海20多万户居民使用一年。

小资料

中国人的低碳意识

中国近年来大力发展节能环保事业，中国人的低碳意识也日益增强。如今的中国，人们减少了塑料袋的使用，开始使用环保购物袋；减少了一次性筷子、牙刷的使用；节约用水；减少纸张的使用量；日常生活中，尽量减少使用消耗电量大的白炽灯，改用节能灯、LED灯等新型节能灯具；自觉使用节能环保型小排量汽车，减少了尾气的排放……正是这一点一滴的小事，使得中国人的家园越来越美丽。

◆ **生态余料"变身"环保餐具** (图片提供：CFP)

　　2011年4月，山东远东农科环保发展有限公司以甘蔗渣、秸秆等农村废弃物为原料，生产出一种特殊的环保餐具，可回收循环利用，也可自然降解为有机肥料。这种环保餐具年生产约19.2亿只，已出口到美国、日本、韩国等国家和地区。

◆ **2013年9月在黑龙江省哈尔滨市举行的低碳环保自行车集体婚礼** (图片提供：CFP)

全球第一规模的太阳能产业

　　在中国浙江宁波曙光社区的一栋老住宅楼里，几位居民正在兴高采烈地试验着新安装的楼道灯。伴随着上楼梯的脚步声，楼道灯一层一层地亮了起来，当脚步声远去时再依次熄灭。曙光社区是建成十多年的老小区，最初并没有安装楼道灯。2013年8月，这里安装了一种新型的灯，即利用太阳能超级电容储能新技术来供电。这种太阳能楼道灯白天储能、晚上供能，可自动声控开关，给小区居民的生活带来了极大的便利。

　　在中国，利用太阳能为人们的生活服务已是一个普遍的现象。随着近年来政府对太阳能的重视，中国已成为全世界最大的太阳能光伏组件生产国。以太阳能电池为例，它已被广泛应用在空间站、汽车、飞机、LED灯等领域。仅2013年上半年，中国就出口太阳能电池约2.5亿个。如今，太阳能已被广泛地应用在淋浴、照明、烧水、做饭、取暖、通讯、广播电视和提水灌溉等诸多领域。太阳能热水器、太阳灶等电器已走进千家万户。

　　青藏高原是中国太阳能资源最为

◆ **河北邯郸的太阳能垃圾箱** (图片提供：CFP)
邯郸市雪驰路上安装有数十个太阳能垃圾箱，顶端的太阳能板能在夜晚支持垃圾箱上的LED节能灯连续发光5小时。

◆ **浙江一高中生制造的太阳能汽车**（图片提供：CFP）

　　2012年4月，浙江宁波高二学生朱振霖花1.5万元造出了一辆太阳能汽车。这辆汽车长3.2米、高1.4米，油门、刹车、方向盘、转向灯、后视镜等一应俱全，车顶、引擎盖及后备箱上安装着22块太阳能电板，后备箱内安置着6只12v的蓄电池。这辆车只需太阳光照4小时，便能开70公里。

　　丰富的地区，在这里，一台采光面积2平方米的太阳灶，其功率相当于一个2000瓦的电炉，足以用来烧水、炒菜、烧饭。据测算，一台太阳灶一年可使近1000平方米的草原免遭砍伐。除了用于供热，这里的太阳能还被用于供电。目前，青藏高原地区的太阳能发电已成功解决了内蒙古、新疆、甘肃、青海、四川等地共16万户居民的供电问题。

　　此外，青藏高原还在大力开发和推广日光温室技术。在过去，这里需要靠汽车或空运才能从内地运进来时令蔬菜和水果。而有了日光温室，这里一年四季都能蔬果飘香，当地居民随时都能吃到新鲜的肉、蛋、水果和蔬菜，大大改善了人们的生活。

◆ **江苏无锡田间的太阳能杀虫灯** (图片提供：CFP)
　　在江苏省无锡市锡山区羊尖镇严家桥村的水稻田间，安装上了频振式太阳能杀虫灯，专门用于诱杀水稻田中的害虫。这种杀虫灯可将太阳能转化为电能，之后产生365nm波长光色来诱杀害虫。

海洋

　　海洋是一个巨大的资源宝库，它所提供的食物总量相当于陆地上所有耕地产品的1000倍。对于人类来说，海洋是神秘而博大的。人类自诞生开始，就希望了解海洋，但至今对它的了解还不到5%。深不见底的海底至少有一百万，甚至多达五千万的海洋物种尚未被人类所了解。目前，中国正在大力加强对海洋的探测与运用。

"蛟龙号"深海载人潜水器

2012年6月，中国人完成了两个壮举，实现了"上九天揽月，下五洋捉鳖"的夙愿——"蛟龙号"潜航员在7000米深的海底与距离地球343公里的中国航天员互致问候。相隔四百多公里的海天互动，成为中国人难忘的一幕。

中国是继美、法、俄、日之后世界上第五个掌握大深度载人深潜技术的国家，而"蛟龙号"是中国第一台自主设计、自主集成研制的作业型深海载人潜水器。

2012年6月27日，"蛟龙号"在西太平洋的马里亚纳海沟下潜7062.68米，创造了作业类载人潜水器新的世界纪录。此次下潜，"蛟龙号"进行了海底沉积物

各国载人潜水器最大下潜深度	
美国"的里雅斯特号"	10916米（探测型）
美国"深海挑战者号"	10898米（探测型）
美国"阿尔文号"	4500米（作业型）
中国"蛟龙号"	7062米（作业型）
日本"深海6500号"	6527米（作业型）
俄罗斯"和平一号"	6000米（作业型）
法国"鹦鹉螺号"	6000米（作业型）

◆ "蛟龙号"深海载人潜水器（图片提供：CFP）

◆ **"蛟龙号"海试团队在5千米海底拍摄的照片** _{（图片提供：CFP）}

和矿物取样，还通过布放诱饵诱捕了许多海底生物。

2013年9月19日，"蛟龙号"圆满完成了首次科考应用试航，返航登陆。这次科考实验历时103天，共完成了22次下潜，搭载了10位科学家进入海底，取回了71种深海生物、161枚结核、8块结壳、32块岩石和180公斤沉积物。这些深海样本对整个科学界来说，将会是一次巨大的贡献。潜航员叶聪自豪地说："'蛟龙号'已具备了成为深海'出租车'的能力。"今后，它将成为中国深海勘探的一大利器，并且能够执行海底开发、打捞、救生等任务。

"海洋二号"卫星

  中国是一个海洋大国，拥有300万平方公里的管辖海域。如此广大的海域，需要一个能从太空遥视海洋的"科学管家"，对其进行探测和管理。而海洋卫星正担当了这一职责，它就像是给海洋铺下了一张立体的大网，将瞬息万变的海洋环境尽收眼底。通过海洋卫星，人们可以清晰地看到万里海面上漂浮着的一个小小的塑料瓶。

  目前，中国已成功发射了3颗自主研制的海洋卫星，初步建成了一个海洋系列卫星体系，达到了国际先进水平。其中，于2011年8月发射的"海洋二号"是

◆ **"海洋二号"卫星发射升空** （图片提供：CFP）

◆ **中国海洋卫星拍摄的气象图**（图片提供：CFP）

中国首颗海洋动力环境探测卫星，拥有全天候、全天时、全球连续探测风场、海浪、海流、海潮及海面温度等海洋环境信息的能力，可以提供灾害性海况预警和为海洋科学研究提供实测数据，也是目前世界上在轨运行的唯一具有该能力的海洋微波遥感卫星。"海洋二号"运行以来，已成功监测出"榕树"、"天鹰"、"帕卡"、"苏拉"、"达维"、"海葵"等台风；为中国大洋渔业提供了精准的渔场环境预报，提高了中国远洋渔业的综合效益；为"神舟九号"载人飞船的成功发射提供了海洋环境信息保障，等等。此外，"海洋二号"对厄尔尼诺现象和气候变暖等全球性问题的研究也具有非常重要的意义。

向海洋要淡水

在天津市国投北疆发电厂内，两名职工正在饮用处理过的海水。这里已建成了中国最大的海水淡化项目——国投北疆发电厂海水淡化一期工程，处理后的淡水完全可以达到直饮水平。目前，这项工程已接入市政管网，每天可提供20万吨淡水，为天津市增添了一个重要的"水龙头"。

海水占地球水量的97.2%，但它却不能喝，这无疑是一种资源浪费。如今，世界上的淡水资源不足，中国也面临着淡水资源严重紧缺的境况。于是，人们把目光纷纷投向了新兴的海水淡化技术。如果在未来10年，中国海水淡化日产水能力达到170万吨以上，那么就能在很大程度上解决国内的缺水问题。

◆ **山东青岛的海水淡化车间** （图片提供：CFP）

◆ **山东海水淡化生产车间的瓶装水生产线**（图片提供：CFP）

　　蒸馏法和反渗透法是目前海水淡化的两大主流技术。其中，蒸馏法虽技术相对成熟，但能耗较大。反渗透法则成本较低，成为近十多年来发展最快的淡化方法。而中国是世界上第四个掌握自主反渗透膜技术的国家，因而也掌握了这种先进的淡化技术。截止到2012年年底，中国海水淡化日产能约为70万吨，已经具备产业化发展条件，且呈逐年增多的趋势。

江厦潮汐能电站

　　在月亮和太阳这两个引力源的作用下，地球上的海平面每昼夜有两次涨落，而海水的潮涨和潮落所产生的巨大动能就是潮汐能。目前，人类对潮汐能的利用方式主要是发电。潮汐能发电的原理就是利用潮汐形成的落差来推动水轮机，再由水轮机带动电动机发电。

　　中国东南部的海岸线曲折蜿蜒，全长约1.8万公里，蕴藏着丰富的潮汐能资源。从上世纪80年代起，中国在沿海地区陆续兴建了一批潮汐能发电站。其中，位于浙江省温州市温岭县的江厦潮汐能电站是中国最大的潮汐能电站，也是亚洲最大、世界第三大的潮汐能电站。江厦潮汐能电站于1980年5月并网发电。它是一座双向潮汐能发电站，即涨潮和落潮都能发电，其发电技术已达国际先进水平，年平均发电量720万千瓦·时。

　　不过目前利用潮汐发电的成本较高，这是目前阻碍世界潮汐能电站发展的主要因素。因此江厦潮汐能电站仍处于试验阶段，大规模发展的时间还未到来。不过，它的正常运行及所运用的高端技术，为进一步研制新型、更大容量的潮汐发电机组积累了经验。

　　2013年，温州市启动了海洋能综合开发利用项目。据规划，项目落成后，温州潮汐能电站的装机容量将达到40万千瓦，规模将居世界第一。

◆ **江厦潮汐能电站**（图片提供：CFP）

　　2013年上半年，江厦潮汐能电站利用潮汐能共发电380万千瓦·时，同比增加29.1万千瓦·时，增幅为8.29%，发电量创建站30年来半年度历史新高。

农业

　　中国是一个农业大国，几千年来一直以种植业为主，粮食生产占据主要地位。新中国成立以后，中国的农业生产日益现代化，在农业技术方面也取得了巨大成就，杂交水稻、转基因小麦等科研成果不仅解决了中国人的温饱问题，更为解决世界粮食问题作出了重大贡献。

"东方魔稻"

　　上世纪五六十年代，中国的粮食一度异常紧缺，当时的水稻产量平均每亩不到300公斤。再加上连续几年的自然灾害，几乎当时所有的中国人都尝到了饥饿的滋味，吃一顿饱饭是当时人们的最大愿望。

　　然而在今天的中国，吃饱饭早已不成问题。中国基本实现了粮食自给自足。这样的改变，多亏了一项重要的发明——杂交水稻。

　　1973年，中国科学家袁隆平经过多年努力研究，培育出了高产量的杂交

◆ 安徽省含山县林头镇杜庄村的农民正在收割杂交水稻（图片提供：CFP）

◆ "杂交水稻之父" 袁隆平（图片提供：CFP）

　　水稻，比以前的水稻单产增产20%。此后，袁隆平又不断革新技术，让水稻亩产量继续增产。2011年9月，新一代杂交水稻"超级稻"第三期目标亩产900公斤高产攻关获得成功。同时，超级稻已部分达到国家一级优质米、大部分达到国家二级优质米的标准。这意味着，如果推广种植这种产量极高的超级稻1亿亩，每年就可增产约150亿公斤，能多供养约4000万人。目前，袁隆平正带领一批科研人员进行"超级稻"第四期研发。

　　美国是世界上较早发展杂交水稻的国家，当美国第一次引进袁隆平研制出的杂交水稻试种时，增产效应令其惊叹，美国人称这种水稻为"东方魔稻"。如今，全世界已有30多个国家和地区研究和推广了中国的杂交水稻，受饥饿的人已从上世纪中叶的50%减少到20%。而对此作出了巨大贡献的袁隆平，则被誉为"杂交水稻之父"。

什么是杂交水稻？

所谓杂交水稻，就是将两种水稻进行杂交。当然，所选用的这两种水稻需要在遗传上有一定差异，同时它们的优良性能可以互补。杂交水稻生长旺盛、穗大粒多且抗逆性强，因而增产效果非常明显。

杂交水稻之父		
美国	Henry Beachell	Henry Beachell，最早确立杂交水稻的基本思想和技术的人，他于1963年试验成功，被誉为"杂交水稻之父"，因此获得1996年的世界粮食奖。但由于其方案存在着某些缺陷，无法进行大规模推广。
中国	袁隆平	袁隆平，1964年开始进行杂交水稻技术研究，并于1975年研制成功杂交水稻种植技术，1995年研制成功两系杂交水稻，1997年提出超级杂交稻育种技术路线。通过不断的研究，袁隆平成功解决了世界杂交水稻难题，使其得到大规模推广。

转基因抗虫棉

上世纪90年代，中国的广大棉农经历了一场灾难。棉铃虫害持续性大爆发，让许多棉农几尽绝收。作为世界上最大的棉花生产国，中国的国民经济损失极大。

为此，中国政府加大力度开展抗虫棉的研制工作。1993年，中国成功地将杀虫基因导入棉花品种，成为继美国之后第二个拥有自主研制抗虫棉的国家。此后，国内机构和企业研发的数百种转基因抗虫棉陆续获得了安全证书。2002年1月，SGK321抗虫棉通过了国家审定，成为世界上第一个通过品种审定的双价转基因抗虫棉新品种。

现在，95%的中国棉花都是转基因棉花。以前棉铃虫为害时，棉花在生长期间至少要喷洒15次农药，现在只需10次左右。二十多年来，中国的棉农未再遭受棉铃虫灾。

中国的棉花种植除了将转基因技术应用到防旱害领域外，还进行了其他方面的转基因研究。如中国科学家陈晓亚教授带领团队发明了动物角蛋白转基因棉花，即将兔毛、羊毛等的角

◆ **中国的转基因抗虫棉**（图片提供：CFP）

蛋白转到棉花纤维中，使棉纤维更具光泽，更加柔软，更加保暖，更富有弹性。目前，这项技术已获得国家专利。

◆ **甘肃民勤县农民正在采摘棉花**（图片提供：CFP）

农业技术推广站

在海南省琼中黎族苗族自治县的田间，一位农业技术推广站的工作人员正顶着烈日指导农民嫁接西瓜。据这位工作人员介绍，这种采用新技术种植的西瓜可至少增产20%—80%，同时还能防止枯萎病等西瓜主要病害。

在中国，几乎每个县、区及乡、镇都建有农业技术推广站。正是这样一个机构，将先进的农业技术推广给8亿中国农民，让科学技术能真正给他们带来实惠。

由于农业工人技术推广站的工作人员终日在田间地头培训当地农民，双腿经

◆ **四川宜宾的农业技术推广站的工作人员正在培训农民** (图片提供：CFP)

常浸泡在泥水里，所以许多农民亲切地称他们为"泥腿子"专家。这些"泥腿子"专家不仅仅要指导农民改良种植技术，还要负责重大病虫害的监测与防治，负责总结先进经验并提出农业技术改良建议，负责农业技术推广、国际合作与交流项目的实施，等等。在他们的带领和指导下，中国的广大农民感受到了科学技术的力量，尝到了技术改良的甜头；在他们的带领和指导下，中国的农业生产结构正发生着翻天覆地的变化，向着农业的现代化稳步迈进。

◆ 广东佛山农业科学研究所研究出来的新品种——长柄葫芦（图片提供：CFP）

军事

中国是世界上第五个拥有水下核打击力量的国家；

中国是世界上第十个拥有航母的国家；

中国已将大功率激光技术装备部队，可以瞬间击毁敌军来犯的导弹；

中国掌握了飞行器小动量变轨技术，可以让导弹在飞行中随意改变轨道，令敌军的拦截导弹扑空；

中国已掌握潜艇超静技术，目前的反潜探测设备均无法探测出这种潜艇；

……

强大的中国陆军

　　1960年，英国蒙哥马利元帅访问中国时曾在记者招待会上郑重地说："在这里，我要告诫其他同行，不要跟中国军队在地面上交手，这是军事家的一条禁忌。谁打中国，将会进得去出不来！"

　　美国陆军将军麦克尔·艾伦曾说："与中国陆军作战，就如同跟自己内心的恐惧思维作战一样。那是一种来自内心深处的恐惧力量，是不可抗力的。"

　　2013年10月1日的国庆阅兵式再一次向世人展示了中国军备的建设成就。今天的中国人民解放军陆军由170万现役人员和80万预备役人员组成，拥有7000辆

◆ **中国解放军仪仗队** （图片提供：CFP）

◆ **国庆阅兵的防空导弹方队**（图片提供：CFP）

主战坦克、2200辆步兵战车、5500辆装甲运兵车、25000门火炮和高射炮等军事装备。

随着现代机械化和信息化的实现，中国陆军已拥有了世界最先进的科技力量，其防化消毒、通信电子对抗、信息对抗、战术导弹等技术均已达到国际领先水平。

弹道导弹核潜艇

到目前为止，人类已制造出180余艘弹道导弹核潜艇，在役的约60余艘。中国自主研制的第一种核动力弹道导弹潜艇名为"092型弹道导弹核潜艇"。它于1988年9月成功地发射弹道导弹，使中国成为继美国、英国、苏联、法国之后世界上第五个拥有水下核打击力量的国家。目前，中国正在研制的096型弹道导弹核潜艇不仅威力更加强大，而且突破了技术上的难题，静音性和隐蔽性能均已达到世界先进水平。

弹道导弹核潜艇又被称为"战略导弹核潜艇"，是一种以洲际弹道导弹为主要武器的核动力潜艇，使用起来隐蔽、安全、机动性强，作战威力极大，是21世纪最重要的核力量，关系着整个世界的安危。简单来说，一枚导弹的其中一个分弹头就足以摧毁一座城市，一旦使用，将会对人类造成不可估量的恶劣影响。因此，中国政府在1964年进行第一次核武器试验后便承诺："在任何时候、任何情况下，都不会首先使用核武器。"

◆ **中国海军弹道导弹核潜艇**（图片提供：CFP）

"辽宁号"航空母舰

2013年9月，中国的"辽宁号"航空母舰陆续完成了舰载机连续起降、驻舰飞行、短距滑跃起飞等各项试验。这表明，"辽宁号"已拥有了初步的作战能力。2013年11月28日，"辽宁号"航空母舰通过台湾海峡进入南海，进行科研试验和训练任务。

"辽宁号"是中国海军第一艘可以搭载固定翼飞机的航空母舰，于2012年9月正式加入中国海军。不久的将来，中国人自己建造的航空母舰将会航行在蓝天碧海之间。

◆ **"辽宁号"航空母舰**（图片提供：CFP）

"翼龙" 无人机

　　什么是无人机？顾名思义，就是无人驾驶的飞机，主要用于军事行动。近年来，中国的无人机制造受到了世界广泛的关注。"翼龙"、"天翼"、"蓝狐"、"夜鹰"等多型号、多用途的无人机的关键性能指标均已达到国际先进水平。其中，"翼龙"无人机不仅具备了对敌目标进行精确打击的能力，还能携带侦察设备隐蔽地对敌方目标进行远距离、长航时的侦察。

　　"翼龙"无人机是一种军民两用的多用途无人机。海豚般的流线外形、光滑圆润的机体、长达14米的机翼，让"翼龙"无人机拥有了"空战幽灵"的美誉。在军事上，它可以执行监视、侦察及攻击等多项任务。"翼龙"无人机所拥有的

◆ **"翼龙" 无人机**（图片提供：CFP）

影像、红外、激光等多种探测手段，使它像一只在空中翱翔的猎鹰，能在4000公里的范围内敏锐地侦察到目标，然后以每小时120公里以上的速度在空中以静音状态追踪对方，并能精准地将其击毁。"翼龙"无人机还能广泛地应用于民用和科研领域，例如灾情监控、环境保护、缉毒查私，以及气象观测、地质勘探、大地测量和森林防火等。

大型工程

中国有世界最长的高速铁路——京沪高速铁路；

中国有世界最长的跨海大桥——杭州湾跨海大桥；

中国有世界最大规模的高速公路——"五纵七横"国道主干线；

中国有世界最大的水利工程——"南水北调"工程；

中国有世界最大的电力项目——"西电东送"工程；

中国有世界最大的单体建筑——首都国际机场T3航站楼；

中国有世界上海拔最高的铁路——青藏铁路；

中国有世界最大的水电站——三峡水电站；

中国有世界最大的填海造地项目——上海临港新城；

……

南水北调、西气东输与西电东送

中国的能源分布不均：淡水资源南多北少，天然气和电力西多东少。面对局部地区资源紧缺的情况，中国政府已大力开发一些新能源，但为解燃眉之急，同时还开发了一系列大工程，主要包括"南水北调"、"西气东输"、"西电东送"等。

南水北调

"南水北调"工程是从长江的上、中、下游，分西线、中线、东线"三线"调水，将中国的长江、黄河、淮河和海河相互联通，最终将水调至北方。这项工程串起了大半个中国，其线路之长、调水量之大、工程建设之复杂、受益范围之广，皆为世界水利史罕见。目前，东线一期工程已建成，可为江苏、安徽、

◆ **"南水北调"中线工程丹江口水库大坝开启堰顶闸门泄洪**（图片提供：CFP）

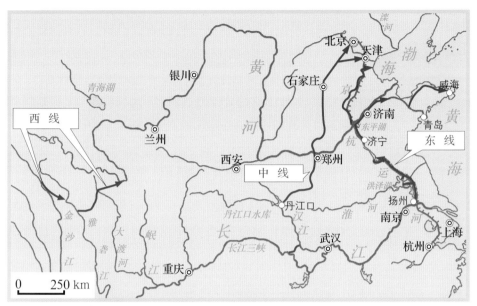

◆ "南水北调"线路图

山东、河北、天津等五省市提供143.3亿立方米淡水，并具备了向北京供水的条件。中线正在施工，西线尚未进行。预计到了2050年，三线全部竣工，届时调水的总规模将达到448亿立方米。生活在中国北方的上亿居民便能通过自家的水龙头喝到洁净的长江水。

由于中国的地势呈北高南低的特征，因此要将水调往北方，就要依靠泵站接力将江水的水面抬高。已建成的东线工程拥有世界上最大规模现代化泵站群，实现了"水往高处流"的景象。此外，"南水北调"工程还运用了许多高端科技，并进行了多项技术创新，例如超大口径PCCP管道输水技术、运管车进行洞穿管施工技术、超高扶壁式挡墙设计、浅埋暗挖施工工艺、大口径压力隧洞近距离下穿地铁站等，均达到了国际领先水平。

西气东输

浙江宁波的一栋新建成的小区内，几名工作人员正在进行天然气管道检测。检测达标后，居民们就可以入住了。这对于中国的绝大多数城市的住宅楼建设来说，已是必不可少的一步。在住户居住前，水、电、燃气管道的接通，缺一不可。

在中国的大部分城市里，几乎家家都使用天然气，不仅让居民们免去了烧煤和换煤气罐的麻烦，对改善环境也起到了不可估量的作用。而这一切，得益于

◆ **西气东输西二线广东北江盾构工程**（图片提供：CFP）

2002年启动的"西气东输"工程。

　　中国的西部蕴藏着丰富的天然气和石油资源，如果将这些资源运往东部，将至少满足那里数十年的燃气需要。于是，中国政府展开了"西气东输"工程。2004年年底，"西气东输"二期工程全线建成，并开始运营。输气管道网全长近4万公里，覆盖了中国28个省区，惠及超过4亿人口。这些管线，无论是施工技术，还是材料装备，皆已达到了国际先进水平。

◆ 西气东输西二线广东北江盾构工程

（图片提供：CFP）

西电东送

　　2004至2007年，中国的南方几省区遭遇了历史上最严重的电荒。也正是在这一时期，"西电东送"工程如火如荼地开展起来，大大支援了南方电网。在2008年年初南方经历的那场历史上罕见的雨雪凝冻灾害中，电力部门在充沛的电力支持下用极短时间就夺取了抢修复电的胜利。

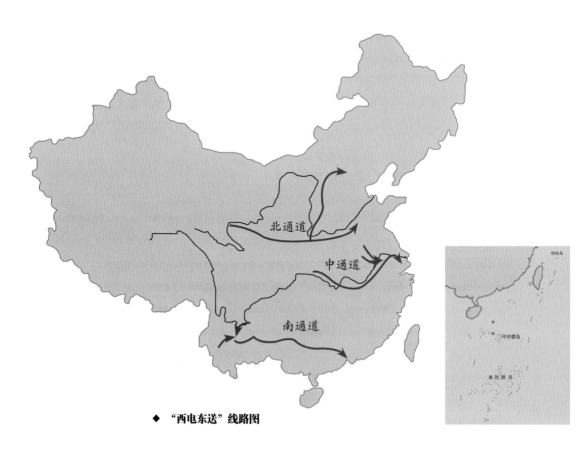

◆ "西电东送"线路图

◆ **"西电东送"的能源通道——四川凉山州西昌裕隆换流站**（图片提供：CFP）

　　"西电东送"即将中国西部省区的电力资源输送到电力紧缺的东部地区。截至2013年初，仅贵州一省就为东部地区提供电量近3000亿千瓦·时，极大地解决了东部因经济快速发展而不断增长的用电需求。

　　目前，"西电东送"工程仍在不断建设中。2013年4月，"西电东送"的一个重要项目——哈密南—郑州高压输电工程成功跨越了黄河。这段工程全长2210公里，是目前世界上电压等级最高、输送容量最大、输送距离最长的特高压直流工程。

世界上海拔最高的铁路——青藏铁路

　　在中国的西南部，伫立着世界上海拔最高的高原——青藏高原。这里横亘着全长约2500公里的昆仑山脉，平均海拔在4000米以上，有"世界屋脊"之称。这里被称为"生命禁区"，常年积雪，土壤多为冻土，而且空气稀薄，极度缺氧。这里一天之内就可能出现四季变换，早晨还是艳阳高照，但到了中午就可能下起了冰雹，晚上气温更是可能达到零下四十度。

　　中国流行着一句俗语："要想富，先修路。"历史上，人们一直在尝试打通青藏高原与内陆之间的道路，但始终没能如愿。经常乘坐火车环球旅行的美国游

西宁至格尔木段：
长约834千米，1979年铺通，1984年投入运营。

格尔木至拉萨段：
全长1118千米，2001年2月开工。

2006年7月1日，青藏铁路试运行全面启动。

◆ **青藏铁路第一高桥——三岔河大桥**（图片提供：CFP）

记作家保罗·索鲁（Paul Theroux）在《游历中国》一书中写道："有昆仑山脉在，铁路就永远到不了拉萨。"然而，全长1686米、平均海拔4648米的世界最长的高原冻土隧道——昆仑山隧道的建成打破了他的预言。

2006年7月，世界上最长的高原铁路和世界上海拔最高的铁路——青藏铁路，开通运行。这条东西走向的铁路，东起青海西宁，西至西藏拉萨，全长约1952千米，有"天路"之称。

可想而知，修建这样一条铁路是异常艰难的。十多万铁路建设者走进这个"生命禁区"，他们喝的是雪山上流下来的苦涩的融水，住的是临时搭建的帐篷，吸入的是只有内陆60%氧气含量的空气。在修建设的过程中，中国人解决了生态环境脆弱、高寒缺氧、常年冻土和狂风肆虐等若干个世界性难题，创造了许

青藏铁路之最

世界最高的高原冻土隧道：风火山隧道，位于海拔5100米的风火山上，全长1338米。

世界最长的高原冻土隧道：昆仑山隧道，全长1686米，海拔4648米。

世界海拔最高的火车站：唐古拉车站，位于海拔5068米的唐古拉山垭口。

青藏铁路第一高桥：三岔河大桥，全长690.19米，桥面距谷底54.1米。

青藏铁路最长的"代路桥"：清水河特大桥，位于平均海拔4500多米的可可西里无人区，全长11700米。

多国内外"第一"。青藏铁路勘察设计的专家们采用了"以桥代路"的方法，即将铁路线架在桥梁上面。这样既可以解决冻土层不稳定的问题，下面的桥洞又方便了野生动物的迁徙，保护了当地的生态环境。

　　青藏铁路的修建，结束了西藏自治区不通铁路的历史，改善了青藏高原的交通条件和投资环境，促进了西藏的资源开发和经济发展，更为当地的百姓带去了便利的生活。

◆ **青藏铁路**（图片提供：全景正片）

全球最大规模的高速铁路网

　　火车太慢，机票太贵，过去中国人在出行时往处于这两难的选择之中。现在，既快速又相对便宜的交通工具出现了，它就是在中国妇孺皆知的"和谐号"。

　　"和谐号"也就是中国的高速铁路CRH，分为运行时速为200公里左右的D字头动车和运行时速可达300公里的G字头高铁。截至2013年9月，中国高速铁路运营里程突破1万公里，约占世界高铁运营里程的45%。中国用最短的时间掌握了最高端的高速铁路技术，成为世界上高速铁路运营里程最长的国家，走出了令全世界都为之惊叹的"中国模式"。

　　2013年9月23日的美国《纽约时报》称："毫无疑问，高铁已经以意想不到的方式改变了中国。"的确，高速铁路的大规模建设大大缩短了中国各个城市之间的距离，成为许多人出游、远行的首选。就连有车一族，也纷纷将假期的自驾游改成了乘坐高铁。以大连至北京为例，自驾游的单程油费约为500元（不算过路费），车程约8小时（不算堵车的时间）；而乘坐D字头动车二等座，单程票价只有260多元，车程为6个多小时。可见，乘坐高铁更高速、更省时、更环保。

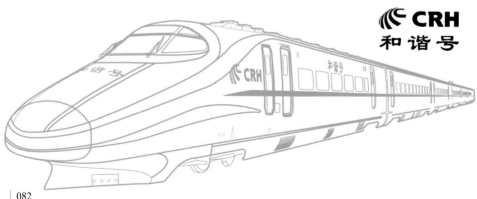

◆ **运行中的武广高铁**（图片提供：微图）

世界第一条商业运营的磁悬浮专线——上海磁悬浮列车专线

2003年1月，由中德两国合作开发的世界第一条磁悬浮列车专线正式运行，其设计最高时速可达430公里，仅次于飞机的飞行时速。这条专线从上海浦东龙阳路站到浦东国际机场，三十多公里的路程只需8分钟。磁悬浮列车即利用磁悬浮技术，使导轨与机车之间毫不接触，车体悬浮于空中，运行平稳、舒适、无噪音。

目前，中国还在研发真空管道磁悬浮技术，其时速预计可达4000公里，理论上甚至可直逼第一宇宙速度，且能耗极低，噪音、废气排放污染和事故率几近于零。真空管道磁悬浮列车一旦运营，将把北京与华盛顿纳入两小时交通圈，并用几个小时就能完成环球旅行。

◆ **上海磁悬浮列车**（图片提供：CFP）

世界最大的水利工程——三峡工程

　　数千年来，长江中游地段始终有一段"地上悬河"，在汛期时可高出地面10米之多。一旦此处决堤，洪水将淹没武汉等地。1931年，长江水灾夺去了145000多个中国人的生命。2009年，这一悬河的巨大威胁终于得以缓解，因为在这一年，长江三峡水利枢纽工程全部完工。2012年，长江上游罕见洪峰来袭，三峡水

◆ **位于湖北宜昌的三峡枢纽全景**（图片提供：CFP）

◆ **三峡大坝泄洪** (图片提供：CFP)

2010年7月20日，三峡工程迎来了流量达7万立方米／秒的大规模洪峰，刷新了1998年以来通过宜昌的最大峰值记录。

库拦洪削峰40%，在相当大的程度上减轻了中下游的泄洪压力。巨大的洪峰在三峡大坝下激起了数米高的大浪，随后却平稳地汇入下游。

长江三峡水利枢纽工程，简称"三峡工程"，是当今世界上最大的水利工程，主要由大坝、水电站和通航建筑物等三大部分组成。其中的三峡水电站是世界上规模最大的水电站，截至2012年年底累计发电量达6291亿千瓦·时。三峡工程建成后，在防洪、发电和航运等方面产生了巨大效益，在工程规模、科学技术和综合利用效益等许多方面也都雄居世界级工程的前列。

长江干流第一站——葛洲坝

　　葛洲坝水电站位于湖北宜昌，三峡大坝下游38公里处，是长江干流的第一个大型水利枢纽工程，也是世界上最大的径流式低水头大流量水电站。葛洲坝水电站于1970年12月动工，1988年12月全部竣工，坝轴线全长2606.5米。葛洲坝泄水闸共27孔，孔口为12米×12米，最大泄量为每秒8.39万立方米，整个枢纽泄洪水流量为每秒11万立方米，能很好得起到防洪作用。大坝已经经受住了1981年7月百年来最大洪水7.2万秒立方米的考验。葛洲坝船闸是20世纪中国规模最大、设备最先进、技术最复杂的单级船闸，是南北运送物资的重要通道，在长江航运中发挥着重要的作用。水电站总装机容量为271.5万千瓦，多年来年平均发电量为157亿千瓦时，与火电比较，每年可节约原煤约1000万吨左右。

◆ 葛洲坝泄洪（图片提供：CFP）